DK动物百科系列
爬行动物

英国DK出版社 著
庆慈 译
乔轶伦 审译

科学普及出版社
·北京·

Original Title: Everything You Need to Know About
Snakes
Copyright © Dorling Kindersley Limited, 2013
A Penguin Random House Company

版权所有　侵权必究

图书在版编目(CIP)数据

DK动物百科系列. 爬行动物 / 英国DK出版社著；庆
慈译. — 北京：科学普及出版社，2020.10（2024.8重印）
ISBN 978-7-110-10120-9

Ⅰ.①D… Ⅱ.①英…②庆… Ⅲ.①动物—少儿读物
②爬行纲—少儿读物 Ⅳ.①Q95-49

中国版本图书馆CIP数据核字(2020)第111397号

策划编辑	邓 文
责任编辑	白李娜　吴 静
封面设计	朱 颖
图书装帧	金彩恒通
责任校对	邓雪梅
责任印制	徐 飞

科学普及出版社出版
北京市海淀区中关村南大街16号　邮政编码：100081
电话：010-62173865　传真：010-62173081
http://www.cspbooks.com.cn
中国科学技术出版社有限公司发行
惠州市金宣发智能包装科技有限公司印刷
＊
开本：889毫米×1194毫米　1/16　印张：5　字数：120千字
2020年10月第1版　2024年8月第10次印刷
ISBN　978-7-110-10120-9/Q・238
印数：78001—88000 册　定价：58.00元

（凡购买本社图书，如有缺页、倒页、
脱页者，本社销售中心负责调换）

www.dk.com

目录

睫角棕榈蝮

火焰石龙子

爬行动物是一类长满鳞片的冷血动物，包括鳄鱼、龟、蜥蜴和蛇。**鳄鱼**长着令人望而生畏的牙齿，可以捕食大型猎物。**龟**的寿命能超过 *150 年*。有些**蜥蜴**只有你的手指尖那么大，还有一些蜥蜴的体长则超过成年人。**蛇**以致命的毒液著称，然而，绝大多数的蛇都是**无毒蛇**，有些蛇有着美丽的颜色和花纹。

阿尔达布拉象龟

尼罗鳄

爬行动物谱系树

所有爬行动物都起源于 3 亿多年前的同一个祖先。在爬行动物非常早期的历史中，谱系树的一个分支进化成龟。之后又出现一个分支，进化形成楔齿蜥、蜥蜴和蛇，而另一支则进化成鳄鱼、恐龙及非常令人惊讶的 —— 鸟类。

绿鬣蜥

蜥蜴

从庞大的科莫多巨蜥到小得可以站在你指尖上的微型变色龙，蜥蜴大约有 7176 种，包括鬣蜥、壁虎和石龙子。大多数蜥蜴有四条腿，不过有些种类没有腿，看起来和蛇很相似。

楔齿蜥

楔齿蜥

楔齿蜥目前仅残余两个物种，都生活在新西兰。楔齿蜥看起来与蜥蜴很相似，但还是有很多不同的特征。恐龙时代喙头目爬行动物曾繁盛一时，而（两种）楔齿蜥能存活至今，堪称"活化石"。其他种类则在 1 亿年前全部灭绝了。

壁虎

绿海龟

龟

龟身上长着坚硬的壳，这是它们独一无二的特征。龟已经在地球上生存了至少 2.2 亿年，约有 356 个种类。人们总是认为龟的爬行速度非常缓慢，但有些种类的龟却是敏捷而优雅的游泳健将。

豹纹陆龟

蛇

蛇是高度特化的爬行动物，大约1亿年前才从爬行动物家族中分化出来。有些种类的蛇，比如蟒和蚺，还存在后腿的痕迹。目前世界上有大约3900种蛇，都是肉食性捕食者，将猎物囫囵吞下。大多数蛇都是无毒蛇，但有一些种类的蛇则拥有致命的毒液。

鸟类

恐龙于6500万年前从地球上永远地消失了，不过有一支温血的、长着羽毛的小型恐龙幸存下来，演化成了鸟类。虽然鸟类可以说是活生生的恐龙，但是人们通常把它们归为单独的一个纲，与爬行动物区分开来。

金刚鹦鹉

蛇

树蚺

冰脊龙

恐龙

恐龙与鳄鱼的亲缘关系很近，大约出现于距今2.3亿年前，并逐渐进化成陆地上的霸主。有些恐龙是体形庞大的植食动物，而还有一些则是行动迅速、反应敏捷的捕食者。恐龙与典型的爬行动物不同，它们是温血动物。

美洲鳄

鳄鱼

鳄鱼是现存体形最大、最凶猛的爬行动物，分为鳄科、短吻鳄科和长吻鳄科三大类。鳄鱼是可以追溯到恐龙时代之前的古老物种，不过现在仅存27种。

鳞片，在陆地繁殖后代的冷血动物。

蛇中巨怪

6000 万年前，在南美洲炎热、潮湿的热带沼泽中，生活着一种有史以来体形最大的蛇，这就是泰坦巨蟒。泰坦巨蟒的身体有一辆公交车那么长，体重超过 20 个成年人，甚至可以把鳄鱼当早餐吃掉。

发现

　　科学家在哥伦比亚的一个煤矿中发现了泰坦巨蟒的化石。这些骨骼化石是如此巨大，以至一开始科学家还以为发现了鳄鱼的化石，但是他们很快就意识到，这些化石实际上属于一条巨大的蛇。

泰坦巨蟒（右）与现代蟒蛇（左）的椎骨对比

食性

钝吻鳄

　　泰坦巨蟒的骨骼化石表明它与现代的蟒蛇有亲缘关系，它们很可能以相同的方式捕食——用强壮的身躯挤压猎物，使之窒息而死。泰坦巨蟒以鳄鱼和巨龟为食。

煤龟

栖息地

　　与现代的蟒蛇一样，泰坦巨蟒也生活在温暖、潮湿的热带雨林中。现存的所有大型蛇类都生活在热带，而泰坦巨蟒巨大的体形也说明当时的气候一定比现在更加炎热。

泰坦巨蟒机器人

　　加拿大的一组专业工程师团队目前已经建造出一个特殊的机器人，它与泰坦巨蟒体形大小相同，用于研究泰坦巨蟒如何运动。

11

关于蛇的真相

蛇属于爬行动物，身体细长，没有腿，浑身覆盖着鳞片。有的蛇鳞片粗糙，有的蛇鳞片光滑，颜色和图案多种多样。全世界大约有 3971 种蛇，大多数生活在热带地区。

德州细盲蛇

体长：15~27厘米
栖息地：干燥的沙漠地区
食物：白蚁和其他小型昆虫

　　这种来自美洲沙漠的小型蛇类常常被误认为是一种蚯蚓，因为它是粉红色的，生活在泥土里。它的眼睛被鳞片覆盖，几乎没有视力，这与它在地下生活的习性相适应。

真实比例

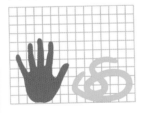

眼镜王蛇竖起身体的上半部分，扩张颈部，让自己看起来更大。

眼镜王蛇

真实比例

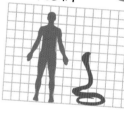

体长：3~4米
栖息地：森林
食物：其他蛇类

眼镜王蛇是世界上最长的毒蛇。如果受到威胁，它可以将身体的三分之二抬离地面，并扩张颈部两侧，使自己看起来更大、更吓人。

这条细盲蛇具有光滑的鳞片和一条短尾巴。

球蟒体表的花纹让这条蛇与周围的植物融为一体。

绿森蚺是世界上最重的蛇，体重可达 227 千克。

真实比例

球蟒

体长：1~1.5米

栖息地：草原和干旱的森林地区

食物：鸟类和小型哺乳动物

这种来自西非的蛇之所以被称为球蟒，是因为它在害怕时会将自己蜷缩成球形。球蟒在捕猎时会将猎物缠绕致死。

天堂金花蛇

体长：可达0.9米

栖息地：热带森林

食物：蜥蜴、蛙类、蝙蝠和鸟类

这种来自亚洲热带地区的蛇能在空中滑翔。它把自己的身体像翅膀一样展平，最高可在距地面 100 米处滑翔！

真实比例

天堂金花蛇的背上有一排红色斑点组成的条纹。

蛇宝宝

与其他典型的爬行动物一样，大多数蛇都通过产卵繁殖后代。蛇通常把卵产在温暖的地方，然后就径直离开，不再照顾这些卵。所以，当幼蛇孵化出来之后，它们就必须独自面对这个世界了。不过，刚出世的小蛇就能很好地照顾自己，毒蛇的幼蛇一出生就有剧毒，和它们的父母一样危险。

1

卵

蛇卵外面覆盖着一层坚韧的革制外壳，与鸟蛋又脆又硬的外壳不同。一般来说，体形越大的雌蛇，产下的卵数目就越多。有些蟒蛇一次能产下超过 100 枚卵。

2

孵化

蛇必须把卵产在温暖的地方。有些蛇，比如草蛇，利用厚厚的、腐败的植被层产生的热量来孵化卵。有些蛇将身体盘绕在卵上保护它们，还有一些蟒蛇能依靠自己的身体产生热量，保持卵的温度。

产下幼蛇

虽然大多数蛇通过产卵繁殖后代，但还是有一些蛇直接产下幼蛇，包括蟒蛇、大多数海蛇及部分蝮蛇，如极北蝰。极北蝰一次能产下9条幼蛇。幼蛇出生之后，很快就能独立生活，几天之后它们就会离开母亲。

3

破壳而出

当卵中的幼蛇发育完全之后，它们就开始准备破壳而出了。幼蛇用吻部锋利的卵齿划开卵壳，然后从缝隙处探出头来，打量这个全新的世界。

4

蛇宝宝

幼蛇可能要花好几个小时才能从卵壳中慢慢钻出。幼蛇之所以这么谨慎是有原因的：即使是最致命的毒蛇宝宝也有许多天敌。不过，它们依然会在几天之内离开巢穴。

蛇的皮肤上覆盖着**鳞片**，鳞片的主要成分是角蛋白，与你的指甲的组成成分一样。蛇的**外皮**既**坚韧**又有**弹性**，不过随着时间的流逝依然会磨损。蛇会定期**蜕皮**，脱掉老皮，换上闪亮的新皮。

蛇的表皮是透明的，色素细胞位于这层透明的表皮之下，蛇蜕皮时脱掉的是这层透明的表皮。因此当蛇蜕皮之后，比如这条**加蓬咝蝰**，它身上的图案与花纹并不会消失，只会变得更加鲜明。

布满鳞片

图案与花纹

不同种类的蛇身上的鳞片类型也各不相同。有些鳞片是光滑的，有些鳞片是粗糙不平的，还有些鳞片中间有突起的脊。有些部位的鳞片形成一个平面，比如头部的鳞片；还有一些鳞片则像屋顶的瓦片一样层层叠叠。鳞片中含有色素细胞，赋予了蛇不同的图案与花纹。

非洲树蝰

瘰鳞蛇生活在水中，它们通过用身体缠绕、挤压来杀死猎物。它们的鳞片**非常粗糙**，能够紧紧抓住猎物，不让猎物逃脱。

印度眼镜蛇
身上的花纹

盘绕在树枝上的球蟒

完全保护

蛇的外表皮和鳞片既坚韧又有弹性，还能够阻止体内的水分散失。坚韧的鳞片保护蛇的身体免受外界伤害，皮肤上的颜色和图案还能让蛇完美地与周围环境融合，或者威慑捕食者。蛇腹部的大型鳞片边缘十分锐利，能够紧紧抓住地面，帮助蛇移动身体。

光滑的鳞片

东非绿曼巴蛇将
自己隐藏于树叶之间

脱落的皮肤

所有的蛇每年至少蜕皮一次，小蛇生长速度更快，因此蜕皮的次数更频繁。在蜕皮期间，内层皮肤分泌出一种具有润滑作用的油性液体，因此蛇可以很轻松地将外层表皮整张脱掉。蛇眼睛上覆盖的透明鳞片也会一同脱掉。

一条锡纳奶蛇正在蜕皮

中央有脊的鳞片

在蜕皮的前几天，蛇的旧皮与新皮之间充满液体，蛇身看起来灰突突的，它们的眼睛也变成了**蓝白色**。不过蛇将旧皮蜕掉之后，眼睛就会恢复清澈，身上的颜色又变得鲜亮起来。

混浊不清的眼睛

冬眠

蛇不耐寒冷。与温血动物不同，蛇不能保持体温。如果气温下降，蛇的体温也会**降低**。如果温度降低到**10℃**以下，蛇的身体功能就**不能良好地运转**了。因此，生活在有着**严寒冬季**的地区的蛇必须冬眠——躲藏在一个安全的地方度过寒冬，**直到春天来临**。蛇一般都会选择深深的洞穴冬眠。

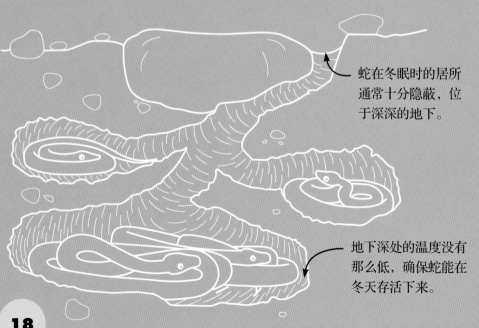

蛇在冬眠时的居所通常十分隐蔽，位于深深的地下。

地下深处的温度没有那么低，确保蛇能在冬天存活下来。

苏醒

美洲红边带蛇在地下洞穴内集体冬眠。在加拿大的一些地方，一个洞穴内甚至能同时藏有数千条蛇，到了5月，这些蛇会一起醒来，熙熙攘攘地爬向地面，沐浴春日明媚的阳光。

翩翩起舞

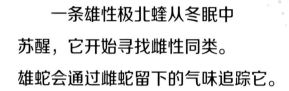

一条雄性极北蝰从冬眠中苏醒，它开始寻找雌性同类。雄蛇会通过雌蛇留下的气味追踪它。

当这条雄性极北蝰利用分叉的舌头感知空气中的气味粒子时，另一条雄性极北蝰也正在追踪同一条雌蛇。雌蛇体形更大，颜色呈褐色。

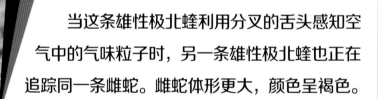

两条雄蛇几乎同时找到了雌蛇，这可是件麻烦事。雄蛇开始为了争夺交配权打斗起来：它们舞动着长长的身体，与对方"摔跤"。

雄蛇将身体抬离地面，彼此缠绕、扭转，这是一种仪式性的战斗，雄蛇并不会受到伤害，它们也不会撕咬对方。

当这两条雄蛇彼此打斗时，它们的身体扭来扭去，看起来就像在跳舞一样。"舞蹈"会一直持续数分钟，直到其中一条雄蛇投降为止。

当失败者灰溜溜地离开之后，获胜的雄蛇开始继续搜寻雌蛇的踪迹。雄蛇和雌蛇相遇之后，就会开始跳另一种舞蹈——这一次是交配的仪式之舞。

响尾蛇

响尾蛇是地球上非常奇妙的生物之一。它是一位装备精良的猎手，有着特殊的感觉器官，能够精准定位和追踪猎物，它还有着最强有力的武器——致命的毒牙，能够迅速置猎物于死地。

西部菱斑响尾蛇

发出声响

响尾蛇在受到威胁的时候会摇动尾部，发出响亮的声音，起到威慑作用。尾不位于尾部末端，由一连串坚硬、干燥的角质皮组成，每蜕皮一次就增加一环。

毒牙

响尾蛇有着长长的毒牙。当它们闭着嘴时，毒牙平放在口中；而当它们张开嘴准备袭击猎物时，特殊的骨质结构能够使毒牙向前竖立起来。

卵胎生

大多数蛇都在温暖的地方产卵繁殖后代，而响尾蛇则是直接生下幼蛇。这种繁殖方式让响尾蛇可以在气候寒冷的地区生存。

职业杀手

响尾蛇可以通过分叉的舌头感知猎物留下的气味踪迹，还能利用眼睛下方的颊窝里的特殊热感应器来定位并追踪猎物的位置。找到猎物后，响尾蛇会迅速出击，用毒牙向猎物身体注射致命的毒液，然后将猎物圈合吞下。

小档案

种类

大约 38 种

响尾蛇有两个属，分别为响尾蛇属（36 种）和侏儒响尾蛇属（2 种）。

栖息地

分布于北美洲、中美洲和南美洲，从加拿大南部到阿根廷都曾发现。

体长

0.3 ~ 2.5 米

侏儒响尾蛇体形最小，而东部菱斑响尾蛇则是体形最大的响尾蛇。

寿命

20 年

有些响尾蛇的寿命可达 20 年。不过，许多响尾蛇没能活到那么久就会被天敌吃掉，比如王蛇——它们对响尾蛇的毒液免疫。

滑行的蛇

蟒蛇

直线运动 有些体形较大的蛇，比如蚺和蟒，将腹部的部分身体抬离地面而向前蠕动。

蛇将抬高的身体部分向前伸，落在地面上，然后用腹部的大型鳞片紧紧抓住地面。接着它再抬高身体的另一部分，重复同样的步骤。

绿树蟒

伸缩运动 当蛇通过狭小的空间时，它可以用身体的前半部分紧抓地面，并向前拉伸尾部。

蛇的身体折叠成数个靠近的环状，使身体变短。然后它将身体的后半部分固定，将身体的前半部分向前伸展。

黑曼巴蛇

波浪运动 黑曼巴蛇这一类的蛇会用长长的身体蜿蜒滑过植物、石块和泥地。

当蛇蜿蜒滑行时，它的身体从头到尾呈波浪线运动。身体的每处弯曲都会顶住地表的一处障碍，让自己获得向前的动力。

角响尾蛇

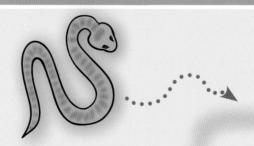

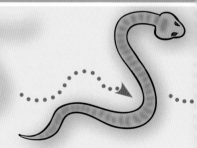

横向运动 为了在柔软、干燥的沙地上移动，有些沙漠蛇类发展出了特殊的运动方式——横向运动。

角响尾蛇将身体的前半部分侧向一边，落在沙地上。接着抬起身体的后半部分。

蛇虽然没有腿，但它们的移动速度依然相当快。蛇能够钻洞、游泳、攀缘，以及用各种各样的方式爬行。有些爬行方式让蛇的移动速度更快。如果这些蛇在一起比拼爬行速度，哪种蛇会获得冠军呢？

蛇在同一时间会抬起身体的多个部位，并呈波浪状向后传递。不过这种运动方式让身体扭动的幅度不太明显，看起来就像是蜗牛在向前滑行一样。

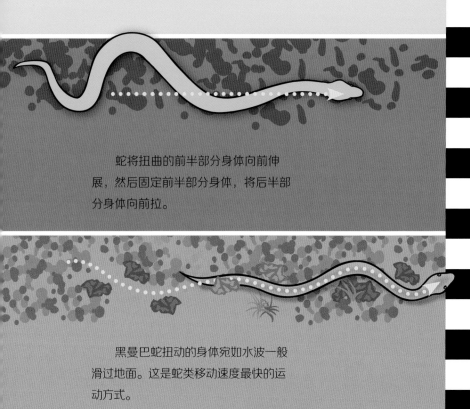

蛇将扭曲的前半部分身体向前伸展，然后固定前半部分身体，将后半部分身体向前拉。

黑曼巴蛇扭动的身体宛如水波一般滑过地面。这是蛇类移动速度最快的运动方式。

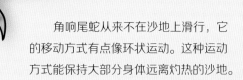

角响尾蛇从来不在沙地上滑行，它的移动方式有点像环状运动。这种运动方式能保持大部分身体远离灼热的沙地。

挖掘 有些蛇能自己挖掘洞穴，大部分蛇则利用其他动物留下的洞穴捕猎或者休息。它们通过伸缩运动的方式，利用洞壁对身体的反作用力向前移动。

游泳 蛇是游泳好手，它们通过蠕动的方式在水中穿梭，就像鳗鱼一样。水是有阻力的，因此这种运动模式能获得反推力，使蛇向前运动。海蛇有着扁平的、鱼鳍一样的尾部，它们更擅长游泳。

攀缘 树栖蛇类能利用波浪运动的方式在细长的树枝间穿行。它们还可以以利用伸缩运动攀爬粗糙的表面，比如树皮。

25

里面是什么？

蛇是从蜥蜴进化而来的，除了蛇没有腿之外，两者有许多共同之处。不过，蛇和蜥蜴的身体内部构造有许多不同 —— 为了适应细长的身体，蛇的骨骼和内脏已经特化；蛇的嘴也能张得非常大，可以一口吞掉猎物。

肝脏
肝脏是蛇体内最大的器官，负责从血液中清除代谢废物和有害物质。

胃
蛇的胃极富伸缩性，能够容纳囫囵吞下的整个猎物。

喉门
喉门是气管的延伸，因此在嘴里填满东西时，蛇依然可以呼吸。

食道
食道壁上有强健的肌肉，可以将蛇吞下的猎物输送到胃里。

气管
当蛇吞咽超大型的猎物时，气管壁上的软骨环能够支撑气管，使蛇保持呼吸畅通。

绿森蚺是世界上

蛇的器官

蛇细长的身体主要由肌肉构成，内部空间并不是很大。因此蛇的内脏器官都特化成了细长的形状，而成对的器官，比如肾脏，呈一前一后排列，而不像一般的动物那样左右对称。

结肠
食物残渣在结肠中吸收多余的水分，然后转变成粪便被排出体外。

左肾
和其他动物一样，蛇的肾脏用于过滤和清除血液中的代谢废物。不同的是，蛇的左肾位于右肾后面。

肠道
蛇的肠道并不是很长，这是因为所有的蛇都是肉食性动物，而肉类是比较容易消化的。

胰腺
胰腺分泌消化液，用于消化食物。

胆囊
胆囊中的胆汁可以帮助消化食物中的脂肪。

心脏
蛇的心脏可以移动位置，因此当蛇吞下大型猎物时，不会影响心脏的跳动。

右肺
除了蟒蛇之外，所有的蛇都只有右肺能正常工作，左肺非常小，无法呼吸。

最重的蛇。

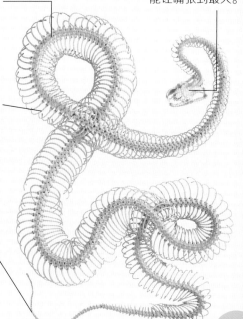

蛇的骨骼

除了颅骨之外，一具典型的蛇的骨架几乎全部由椎骨和肋骨构成。不过，少数蛇，比如蚺和蟒，它们拥有残余的后腿骨，这说明它们的祖先曾经是有腿的。

颅骨
蛇的大脑被坚硬的颅骨保护着，不过，蛇的下颌骨松松地连接在颅骨上，这样才能让嘴张到最大。

脊椎骨
蛇长长的脊椎是由一系列小块的脊椎骨构成的，富有弹性。

肋骨
蛇拥有超过 200 对肋骨，每对肋骨对应一块脊椎骨。

尾椎骨
相对于细长的身躯，蛇的尾巴其实很短。尾椎骨上没有肋骨。

蛇的感觉

几乎所有的蛇都是高效的猎手，利用敏锐的感觉去追踪猎物。不过，蛇的感觉与我们人类不同，甚至会让你大吃一惊。

触觉

蛇能够在黑暗中感知周围的环境，这要归功于它们头部和部分身体上特殊的触觉鳞片。这些触觉鳞片让蛇能感觉到周围环境中不同物体的不同质地，比如砂粒、岩石、草、苔藓、落叶或者树皮。

视觉

有些蛇的视力很好，但它们只能看清近处的物体。蛇的眼睛没有眼皮，因此它们不能眨眼，也不能闭眼。在夜晚外出捕猎的蛇，比如这条响尾蛇，晚上瞳孔会放大，而白天瞳孔则收缩成一条细缝。

蛇通常根据猎物留下的气味来追踪它。蛇吐出分叉的舌头，从空气和地面获取猎物留下的气味粒子。接着，舌头将粒子传送到一个特殊的器官——锄鼻器（位于口腔顶部），感知气味的来源。蛇的舌头具有嗅觉和味觉的双重功能，这就是蛇总是频频吐出舌头的原因。

味觉和嗅觉

听觉

蛇有耳朵结构，但没有耳膜。它们的内耳会对振动做出反应，这些振动通过上颌的骨头传递到耳朵中。因此，蛇能迅速察觉到可能带来危险的脚步声。

超感觉

有些蛇类，比如这条响尾蛇，拥有独特的感觉器官——颊窝。颊窝位于眼睛下方，是高效的热能感受器。因此，这些蛇能够在完全黑暗的状况下"看见"温血动物，精准地定位、袭击猎物。

响尾蛇

生活在美国境内的东部菱斑响尾蛇是体形最大的响尾蛇，毒性极强。当遇到危险时，它会摇动尾部的尾环，发出响亮的声音，吓退威胁者。

后沟牙

非洲树蛇的毒牙不是中空的，不能注射毒液，不过它们的牙齿同样非常锋利，又尖又长。

长长的管牙

极长的管牙能够刺入猎物身体深处并注射毒液。

非洲树蛇

大多数毒蛇有着长长的、中空的管牙，可以向猎物体内注射毒液。但是"后沟牙毒蛇"，比如这条非洲树蛇，毒腺位于口腔后方，毒牙构造比较简单，不能注射毒液，只能在咬噬的同时，让有毒的唾液流入猎物的伤口。

可怕的尖牙

毒蛇用毒牙向猎物体内注射毒液，

中空的管牙

管牙能够将毒液注入猎物体内。

毒腺

毒液储存在口腔后方的毒腺中。

颌骨

为了能够吞下体形较大的猎物，蛇的嘴必须能张得非常大。

牙齿

口腔底部小而锋利的牙齿能够紧紧咬住猎物。

毒牙如何工作

当响尾蛇处于休息状态时，尖锐的毒牙是折叠起来平放在口腔后部的。而当响尾蛇张大嘴巴时，毒牙向前竖立，这样蛇就能咬噬猎物了。咬住猎物的同时，毒腺周围的肌肉收缩，将毒液通过中空的毒牙注入猎物的伤口之中。响尾蛇的毒液主要侵袭血液和内脏器官，导致猎物剧烈疼痛和呕吐。

双线森蝮

与所有的蝮蛇一样，双线森蝮也具有能够感知热量的热能感受器，位于眼睛和鼻孔之间的小孔中。双线森蝮是亚马孙丛林中许多毒蛇咬伤案例的罪魁祸首。

蛇宝宝

这条年幼的双线森蝮也有剧毒，足以杀死一个成年人。

牙鞘

年幼时的双线森蝮毒牙被肉质牙鞘所覆盖，这时候它们还不能使用毒牙。

宽阔的嘴

蛇的下颌骨松松地连接在颅骨上，极富弹性，因此能够将嘴张得非常大，可以吞下像兔子一样大的猎物。

黑曼巴蛇

黑曼巴蛇是眼镜蛇的亲戚，它们的毒牙是固定的，而不像蝰蛇的毒牙那样可以折叠，但依然非常有效。黑曼巴蛇可能是地球上最致命的生物之一。

黑色威胁

黑曼巴蛇得名于它黑色的口腔内部。

毒牙是一种特化的牙齿，能够深深地刺入猎物体内，将毒液送往肌体深处。

毒液的通道

毒液通过毒牙内部中空的管道注入猎物体内。这种管道其实是牙齿上封闭的沟槽。

毒液

科学家就像挤牛奶一样收集毒蛇的毒液，然后将毒液注入绵羊体内，待绵羊的免疫系统产生抗体。这是为了生产一种抵抗蛇毒的"良药"——抗蛇毒血清。只要被毒蛇咬伤的人能得到足够快的治疗，这些血清通常效果都很好。

鼓腹巨蝰

鼓腹巨蝰生活在非洲多岩石的草原上，属于蝰蛇家族的一员。它们通常在晚上外出活动，伏击毫无防备的猎物。

毒液

非洲树蛇

非洲树蛇的毒牙位于口腔后方，它的毒液毒性很强，可以阻止猎物的血液凝固，使猎物血流不止，最终失血而死。

响尾蛇

响尾蛇是蝰科中的一员，它的毒液属于溶血毒性，会导致大量出血和组织坏死。响尾蛇毒素能减缓血液循环，使猎物产生休克的症状。

海蛇

海蛇需要速效毒液来阻止猎物逃跑，它的毒液具有细胞毒素，可以麻痹猎物的肌肉。幸运的是，海蛇很少咬人。

黑曼巴蛇

一条黑曼巴蛇的毒液足以杀死一头大象。黑曼巴蛇的毒液起效迅速、致命，主要攻击猎物的神经系统和心肌。

蛇的毒液简直就像疯狂的科学家创造出来的毒素"鸡尾酒"，是由数种毒素以不同的配比混合形成的。除毒素外，毒液的主要成分是唾液，辅以强效消化液，可以快速消化猎物的机体组织。对于毒性最强的蛇来说，毒液已经进化为一项致命武器，既可以用于捕食猎物，又可以用于防御敌害。

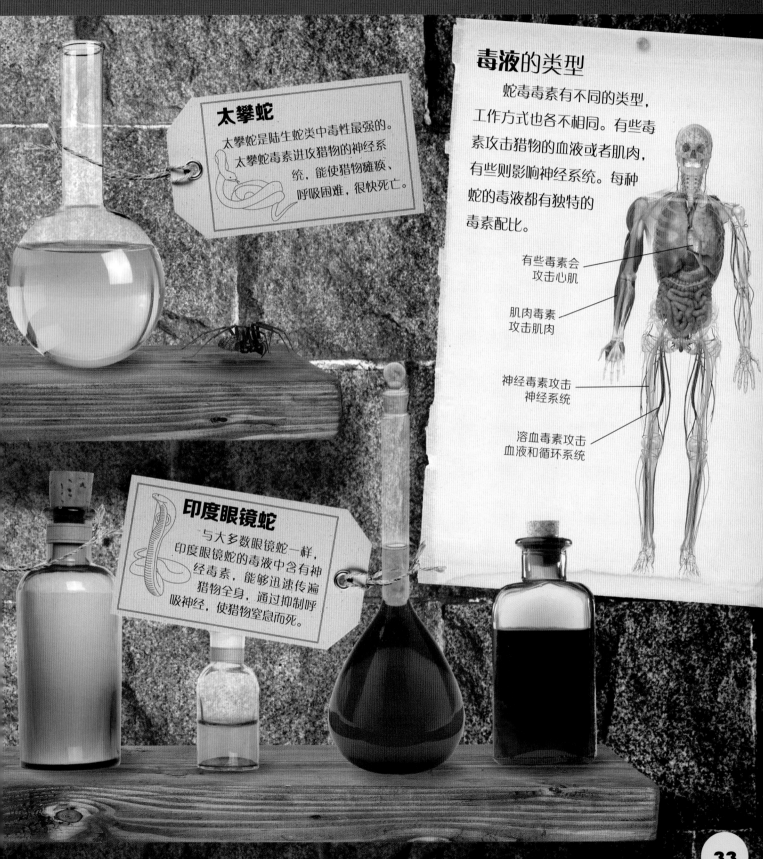

太攀蛇

太攀蛇是陆生蛇类中毒性最强的。太攀蛇毒素进攻猎物的神经系统，能使猎物瘫痪、呼吸困难，很快死亡。

印度眼镜蛇

与大多数眼镜蛇一样，印度眼镜蛇的毒液中含有神经毒素，能够迅速传遍猎物全身，通过抑制呼吸神经，使猎物窒息而死。

毒液的类型

蛇毒毒素有不同的类型，工作方式也各不相同。有些毒素攻击猎物的血液或者肌肉，有些则影响神经系统。每种蛇的毒液都有独特的毒素配比。

有些毒素会攻击心肌

肌肉毒素攻击肌肉

神经毒素攻击神经系统

溶血毒素攻击血液和循环系统

喷毒眼镜蛇

毒蛇用毒液捕食猎物，不过，毒液也可以成为强有力的防御武器。大多数蛇必须咬住敌人时才能动用毒液武器，然而喷毒眼镜蛇在间隔一段距离时就可以保护自己了。

警告的姿势

毒液是一种宝贵的资源，所以喷毒眼镜蛇不会白白浪费它。面对威胁，喷毒眼镜蛇首先会摆出一副典型的"眼镜蛇姿势"：高高竖起身体前半部分，颈部两侧变宽、变扁，让自己看起来更可怕。大多数人和动物都知道这种姿势意味着什么，他们通常很快就溜走了，喷毒眼镜蛇也就可以安全撤退。

一条喷毒眼镜蛇可以将毒

在喷射毒液时，喷毒眼镜蛇还会轻轻移动头部，增加将毒液射入对方眼睛的机会。

喷射毒液

如果喷毒眼镜蛇摆出的警告姿势依然不能吓退敌人，它就只好施展绝技——喷射毒液了。喷毒眼镜蛇瞄准目标，从特化的毒牙中喷射出两股毒液，毒液并不能杀死敌人，但如果毒液进入敌人的眼睛里，就会致盲。

奇特的毒牙

喷毒眼镜蛇长着长长的、中空的毒牙，这种毒牙高度特化，当蛇挤压毒腺时，能够向前喷射毒液。

这张喷毒眼镜蛇毒牙的剖面图显示，毒液管的开口位于牙齿末端的前方，可以朝前喷射毒液。

毒液管

开口朝前

尖锐的牙齿末端

普通眼镜蛇的毒液管开口位于毒牙末端的下方，可以在咬住猎物时将毒液注入猎物身体深处。

毒液入口

开口朝下

液喷射到 2 米外。

最致命的毒蛇

全世界每年有超过 12.5 万人死于毒蛇咬伤。但是，毒性最强烈的蛇并不一定是最危险的，因为许多这样的毒蛇生活在人迹罕至的偏远地区。杀人最多的"凶手"居住在人口稠密的国家，在这样的地方，人们与毒蛇为伴，常常被咬伤，却又得不到及时而准确的治疗。

澳大利亚太攀蛇

澳大利亚太攀蛇的毒性很强，如果被它咬伤而又没有迅速处理，就会有生命危险。还有一种太攀蛇——内陆太攀蛇，也生存于澳大利亚，毒性更强。不过，这两种太攀蛇都生活在人迹罕至的偏远地区，被它们咬伤的案例很罕见。

头号杀手

鼓腹巨蝰

鼓腹巨蝰是非洲最危险的蛇，因膨胀的身躯而得名，它不怕惊吓，当人走近时并不急于躲开，因此很容易在黑暗中踩到它。鼓腹巨蝰有着超长的毒牙，受威胁的时候会发出"嘶嘶"声。

头号杀手

加蓬咝蝰

加蓬咝蝰是生活在中非地区的伏击杀手，与鼓腹巨蝰有亲缘关系。加蓬咝蝰有着巨大的毒牙，可以长达 5 厘米，比其他蛇的毒牙都要长。

南美巨蝮

南美巨蝮是体形最大的蝮蛇，可以长到 3 米以上。它的毒液是致命的，幸运的是被它咬伤的案例很罕见。

沙漠棘蛇

长长的毒牙、巨大的毒腺、快速的进攻，让沙漠棘蛇成为澳大利亚最致命的毒蛇之一。不过，沙漠棘蛇生活在沙漠地区，那里人烟稀少，因此少有因它致死的报道。

头号杀手 ☠

矛头蝮

矛头蝮是一种剧毒的蝮蛇，也是南美洲最致命的毒蛇。大多数被它咬伤的人都是在香蕉种植园工作的农夫。

头号杀手 ☠

锯鳞蝰

锯鳞蝰是一种体形较小的亚洲蝰蛇，喜欢静静地盘踞在人类栖息地的角落里，所以人们很容易踩到它，因此锯鳞蝰每年都会导致数千人丧生。

孟加拉眼镜蛇

与所有的眼镜蛇一样，生活在南亚的孟加拉眼镜蛇会在受到威胁后摆出一副警告的姿势。如果警告不起作用，它就会袭击威胁者，注入致命的毒液。

虎蛇

虎蛇生活在澳大利亚南部及塔斯马尼亚的沿岸地区和湿地地区。虎蛇的毒液和眼镜蛇一样有剧毒。

东部棕蛇

东部棕蛇的毒液有剧毒，是澳大利亚最危险的蛇，不过如果能够及时注射抗蛇毒血清，绝大多数受害者都能生还。

紧紧缠绕

体形最大的蛇——比如**蟒蛇**、**蚺蛇**，并不是用毒液杀死猎物，而是将身体紧紧**缠绕**住猎物，用强有力的肌肉不断收缩、挤压，使猎物**窒息**而死。

3. 挤压

当蛇缠绕住猎物之后，每当猎物呼气的时候，蛇都会缠得更紧，最终让猎物无法呼吸，窒息而死。不过有时候这种挤压会压迫猎物的心脏，阻碍其血液循环，导致猎物顷刻毙命。

2. 出击

蛇一旦锁定目标，就会快速出击，用尖锐的牙齿咬住猎物。蛇的牙齿都是朝后弯曲的，能牢牢地固定住猎物，猎物无论怎样挣扎都很难逃脱。然后，蛇就会将长长的身体缠绕在猎物身上。

1. 追踪猎物

当蛇蜿蜒滑行时，它总是不断地吐出分叉的舌头，这是在获取空气中的气味粒子。如果蛇探测到猎物的踪迹，它就会悄悄地一路追随，直到找到踪迹的来源 —— 猎物。

蛇的缠绕并不是将猎物压碎，而是让猎物**窒息**而死。

4. 寻找头部

一旦猎物死亡，蛇就会放松缠绕的身体，开始用舌头检查猎物全身，判断是否可以食用。蛇必须找出猎物的头部在哪里，因为它只能从猎物的头部开始吞咽，否则就容易卡住。

5. 吞食

蛇张开大口，用可以活动的下颌将猎物缓慢推向喉咙。最终，蛇会囫囵吞掉整个猎物。

一条蟒蛇通过致命的缠绕可以杀死一只羚羊。

消化

如果蛇吞下的猎物体形非常大，它的肚子就会明显地突出，移动也很艰难。这时候蛇就会寻找一个僻静的地方藏起来，慢慢消化胃中的食物。消化可能需要持续一个星期或者更久。强有力的消化液可以消化皮肤、肌肉甚至骨头。蛇日常消耗的能量并不多，因此它美美地饱餐一顿之后，甚至可以好几个月不吃东西。

吞下猎物

蛇是天生的捕食者，它们捕捉、杀死并吃掉其他动物。不过与其他捕食者不同，蛇不能将猎物撕碎，它们尖锐的牙齿很适合抓握猎物，却不能撕开猎物的皮肤和肌肉。因此，蛇只能张开大口，将猎物囫囵吞下——有时候它吞下的猎物大得让人惊讶。

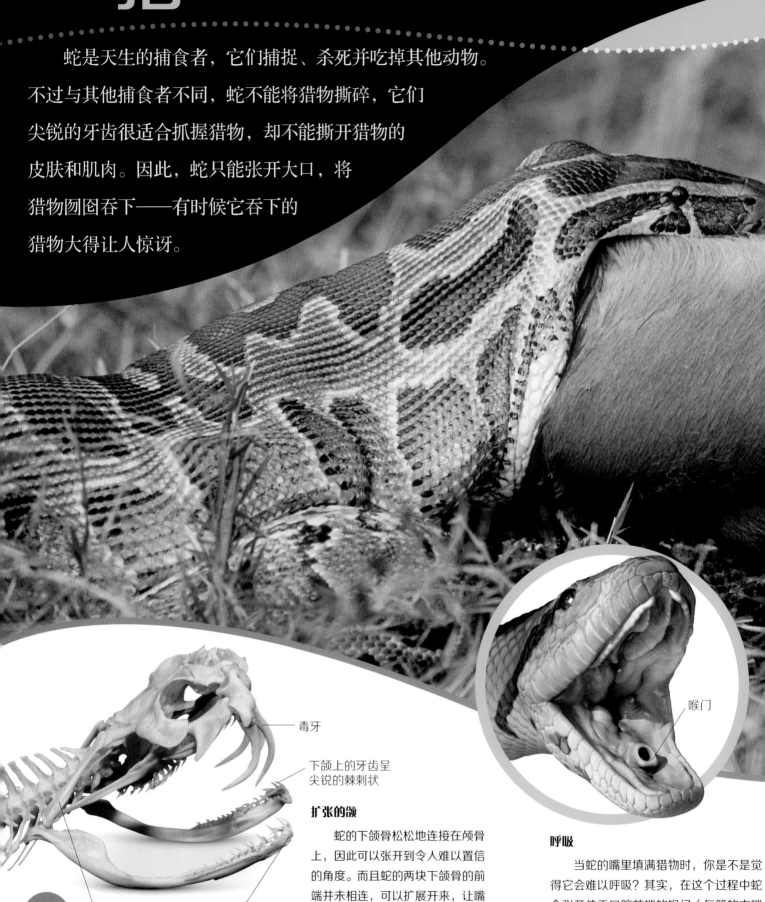

毒牙

下颌上的牙齿呈尖锐的棘刺状

扩张的颌

蛇的下颌骨松松地连接在颅骨上，因此可以张开到令人难以置信的角度。而且蛇的两块下颌骨的前端并未相连，可以扩展开来，让嘴变得更宽。

下颌骨松松地连接在颅骨上

两侧的下颌骨是分开的，并未相连

喉门

呼吸

当蛇的嘴里填满猎物时，你是不是觉得它会难以呼吸？其实，在这个过程中蛇会张开位于口腔前端的喉门（气管的末端开口），确保其吞咽猎物时也能呼吸。

充分伸展

一条蟒蛇缠绕着一只死去的羚羊，准备开始进食。它张开大口，压低一侧下颌骨，牢牢地固定在羚羊的颈部上，然后另一侧下颌骨朝前移动，吞噬掉羚羊的一部分，整个过程交替进行，直到将羚羊全部吞下。一旦食物到达蟒蛇的胃部，就会被强有力的消化液所消化。

蛇甚至能吞下比自己头部还大的猎物。

由肌肉构成的食道壁极富弹性

偷蛋贼

食蛋蛇的嘴可以张得很大，足以吞下整个鸟蛋。吞下之后，食蛋蛇利用充满弹性的食道，将蛋壳挤碎。

蟒蛇 VS 鳄鱼

缅甸蟒与美洲短吻鳄是地球上两种强大的爬行动物。数千年来，它们从未相遇，不过如今在美洲部分地区，这两种动物的生活区域有所重叠，它们竞争同一类猎物，甚至吃掉对方。两强相遇必有一争，当蟒蛇与鳄鱼相遇时，哪一方会取胜呢？

第五回合

谁会取得最终的胜利？这是牙齿和利爪与强有力的肌肉之间的战斗。

美洲短吻鳄

美洲短吻鳄长着巨大的颌，全身覆盖着又厚又硬的铠甲，几乎没有敌人。

★★★★☆ 总得分

优势

强壮的颌

巨大的牙齿

锋利的爪

覆盖铠甲的身体

劣势

易被蟒蛇的"缠绕术"攻击

不能囫囵吞下整条蛇

必须撕咬蛇的头部才能制伏它

沼泽中的**顶级战斗**，

栖息地

位于美国南部地区的佛罗里达大沼泽地是美洲短吻鳄的家园。但是，不负责任的主人把宠物缅甸蟒放生到这片地区，缅甸蟒开始在这里生长、繁殖。它们的数量已经达到数百只甚至数千只。

得分

蟒蛇 ·······················2

鳄鱼 ·······················2

缅甸蟒

蟒蛇可以用粗壮的身体缠绕住鳄鱼，使鳄鱼窒息而死，它们甚至能将鳄鱼活活吞噬。

★★★★★　总得分

优势

致命的缠绕

尖锐的牙齿

可以整个吞下体形较小的鳄鱼

动作迅速

劣势

无法咬穿鳄鱼身上的铠甲

一旦被抓住则很难逃脱

吞下活着的猎物是很危险的，甚至会因此而丧命

战斗

当鳄鱼用锋利的牙齿咬住蟒蛇时，看起来仿佛大获全胜，然而除非鳄鱼咬住的部位是致命的，否则蟒蛇并不会死——它的头部才是弱点。一旦鳄鱼咬错了位置，蟒蛇就会发起反击。它盘起长长的身体，紧紧地缠绕在鳄鱼的身体上，直至鳄鱼无法呼吸。不过，如果蟒蛇囫囵吞下尚未死亡的鳄鱼，鳄鱼锋利的爪子会给蟒蛇来个开膛破肚！

两大爬行动物激战到死亡！

蛇的传说

许多人很怕蛇 —— 但大多数蛇对人类完全无害。蛇的形象出现在各种各样的神话和传说中。在古希腊神话中，蛇与医疗和治愈息息相关。

蛇发美女

古希腊神话中的英雄珀尔修斯杀死了一位头上长满毒蛇的女妖 —— 美杜莎。相传美杜莎的目光能使与她对视的生物变成石头。但是珀尔修斯却巧妙地避开了美杜莎的目光，他不去看美杜莎，而是观察他那锃亮的青铜盾牌反射出来的美杜莎的倒影。

美杜莎

托尔和米亚加德大蛇

最后的战斗

根据北欧维京人的传说，世界末日终将来临，世界将会爆发一场名为"诸神的黄昏"的战争。一条被称为米亚加德大蛇的巨蛇从海洋中浮现，它不断喷出毒液，污染了整个天空。雷神托尔用雷神之锤击中了巨蛇，然而巨蛇的毒液也深入他的身体，最终他和巨蛇同归于尽。

泰舒卜与巨蛇

在来自青铜器时代的赫梯神话中，泰舒卜——风暴之神，被巨蛇伊卢扬卡击败。泰舒卜的女儿伊娜帮助泰舒卜复仇，她设下丰盛的宴席招待巨蛇伊卢扬卡。伊卢扬卡吃得太多了，肚子胀得圆滚滚的，无法爬回自己的洞穴，因此被泰舒卜抓住并杀死。

巨蛇伊卢扬卡

克里希纳与瓦苏奇

在印度教神话中，克里希纳神出生之后不久，他的父亲瓦苏德瓦为了让克里希纳免受邪恶的叔叔的追杀，抱着他横渡亚穆纳河。亚穆纳河河水汹涌，水深足以没过瓦苏德瓦的头顶。这时，一条有着好几个脑袋的巨型眼镜蛇——瓦苏奇，从水中浮现，它用张开的头盾护送这对父子，让他们安然渡河。

父亲瓦苏德瓦抱着儿子克里希纳

巨蛇
阿伊多-赫维多

宇宙之蛇

根据西非的一个传说，当女神玛巫创造了地球之后，地面开始向海洋下沉。玛巫让巨蛇阿伊多-赫维多缠绕在地球上，支撑住地球。阿伊多-赫维多一直兢兢业业地守护着地球，不过有时候它也会想换一个更舒服的姿势——地震就发生了。

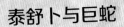

伪装的蛇?

蛇是从有腿的祖先进化而来的。有些蜥蜴也经历了同样的进化旅程，失去了四条腿。这些没有腿的蜥蜴模样看起来很像蛇，不同之处在于它们有眼睑和耳。它们的颌也和普通蜥蜴一样，无法像蛇那样张得很大，因此不能将猎物囫囵吞下。这些酷似蛇的蜥蜴对人是完全无害的。

有些蜥蜴没有四肢，它们中有一些生活在地下，腿完全没有用处；还有一些蜥蜴的生活习性则完全像是**真正的蛇**。

黑头鳞脚蜥
生活在澳大利亚的沙漠中。

黑斑蚓蜥
擅长挖掘洞穴，酷似蚯蚓。

北蠕蜥
栖息在美国的沙丘地区。

狡猾的毛毛虫

银月豹凤蝶幼虫受到惊吓时会将头部向下缩，拱起身体前端，形成两个大大的眼斑，看起来就像是一条蛇。这是一个非常聪明的小把戏，因为绝大多数吃虫的鸟类都非常害怕蛇。它们会吓得惊慌失措，迅速逃跑——银月豹凤蝶幼虫就安全了。

通缉犯

真正的蛇

这些动物看起来似乎都**很可疑**，然而**只有一条**是真正的蛇。

蛇蜥
一种生活在欧洲的无脚蜥蜴，爱吃蛞蝓。

普通鳞脚蜥
得名于它细小的后腿。

糙鳞绿树蛇
一种无毒蛇，以昆虫为食。

1

2

许多爬行动物都有着令人惊叹的**伪装术**，几乎可以"隐身"于周围环境之中。有些动物依靠伪装来**躲避敌害**，不过蛇的伪装则是为了**捕捉猎物**。这里有一些蛇和蜥蜴与环境融为一体的图片，你能找到它们吗？

找一找

4

5

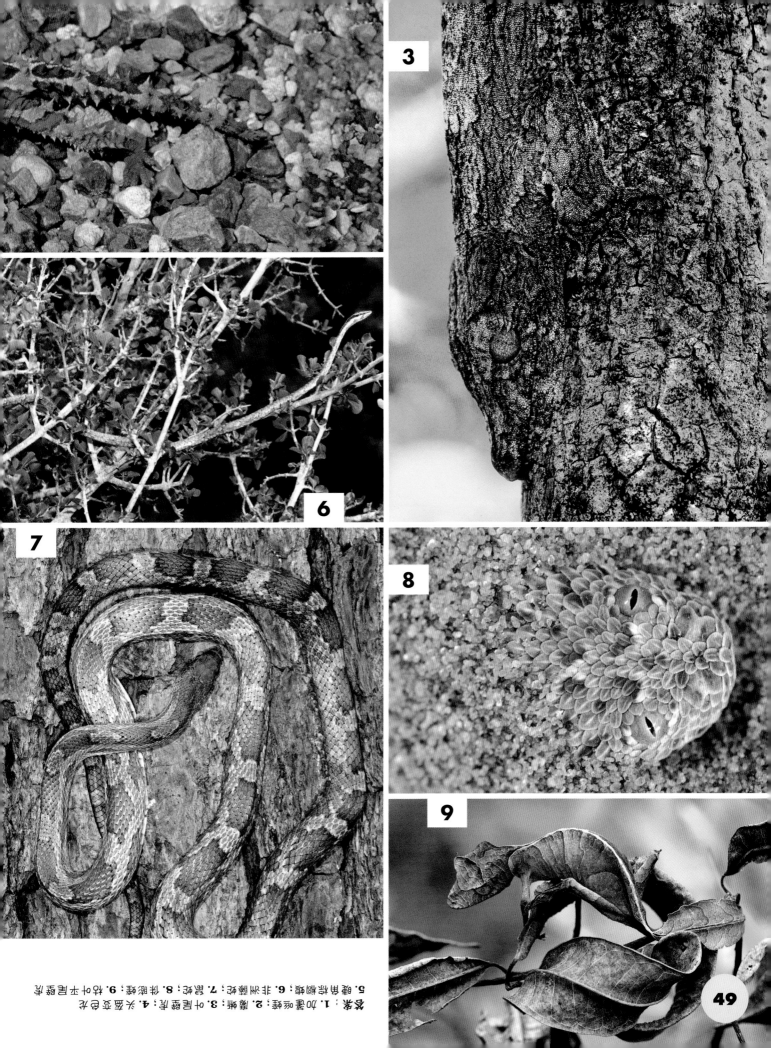

图注: 1. 加里曼丹蜂睡; 2. 避役睡; 3. 叶尾壁虎; 4. 天蛾幼虫在
5. 睡眠时枯叶睡; 6. 非洲树蟒幼; 7. 园蛛; 8. 佳蝮睡; 9. 枯叶尾壁虎在

多彩的变色龙

变色龙有着可以骨碌碌转动的圆锥形眼睛，以及长长的、富有黏性的舌头。不过，它们最奇特之处，还是在于能够随心所欲地改变身体的颜色，从暗棕色或绿色到明亮的红色、蓝色和黄色，各种各样的颜色都能出现。

炫耀

大多数种类的变色龙生活在树上，它们攀附在树枝和树叶间，捕捉昆虫为食。放松时，变色龙通常是暗绿色的，这样它们就能够"隐身"于周围环境之中，避开天敌（比如鸟）的袭击。而当它们兴奋时，体色则变成鲜明的颜色。雄性变色龙以此来吓退竞争者，或者吸引雌性变色龙。

豹纹变色龙平时是绿色的，但当它们感到生气、快乐或者悲伤时，就会改变颜色。

保持体温

变色龙改变体色不仅仅是为了炫耀。在阳光的照射下，深色能够比浅色吸收更多的热量，因此变色龙能够通过改变体色的深浅来调节体温。

纳米比亚变色龙生活在非洲纳米布沙漠中，那里的夜晚十分寒冷，而白天却又很热。

纳米比亚变色龙在早上的体色很暗，能够吸收阳光中的热量，到了下午，它们的体色变浅，避免体温升高。

纳米比亚变色龙在早上是深色的……

而到了下午则变成浅色。

变色龙兴奋时的皮肤

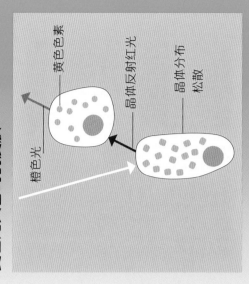

黄色色素

橙色光

晶体反射红光

晶体分布松散

变色龙平静时的皮肤

绿光

含有黄色色素的细胞

入射光

晶体反射蓝光

皮肤细胞

晶体排列紧密

变色龙是怎么变色的？

变色龙的皮肤含有微小的晶体，变色龙可以控制这些晶体。通过改变晶体排列的方式，不同波长的光被反射，从而改变了变色龙的皮肤颜色。

防御策略

小型爬行动物有很多天敌，包括鹰、隼、食肉哺乳动物（比如狐狸）及其他爬行动物——尤其是蛇。有些爬行动物有着令人不可思议的御敌方式，它们能够迷惑天敌、分散天敌的注意力甚至吓退天敌，从而及时逃脱。

刺球

犰狳蜥

有些爬行动物浑身覆盖着带刺的鳞片。这条生活在非洲沙漠中的犰狳蜥蜷曲身体，将尾巴咬在口中，使自己变成了一个"刺球"，让捕食者无从下口。

断尾

鳄鱼守宫

如果遭到攻击，大部分蜥蜴都能自己切断尾巴，断掉的尾巴还会不断抽搐，吸引捕食者的注意力，而蜥蜴则趁机偷偷溜走。

张开皮褶

伞蜥

伞蜥体形较大，生活在澳大利亚，当受到威胁时，它就会弓步向前，张开脖子周围巨大的皮褶，嘴里还大声发出"嘶嘶"的叫声。这足以吓退大部分肉食动物了。

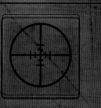

装死

水游蛇

　　如果所有的防御努力都失败了，有些蛇就会翻转肚皮躺在地上，吐出舌头装死。这个把戏能骗过大部分捕食者，因为多数捕食动物都喜欢吃新鲜的肉。

鲜艳的伪装

丽纹石龙子

　　鸟类通过敏锐的视觉捕猎，它们容易被明亮的色彩吸引。丽纹石龙子长着一条颜色鲜明的蓝尾巴，能够分散捕食者对它们头部的注意力。

扩张颈盾

孟加拉眼镜蛇

　　你可能觉得眼镜蛇没有任何天敌，事实并非如此。这条眼镜蛇直立身体的前部，扩张颈部，摆出威胁姿态，吓退敌人。

小 与 大

有些爬行动物是真正的**怪兽**，比如体形**庞大的鳄鱼**、巨型陆龟及**巨大的蟒与蚺**。然而与这些超级巨怪形成**鲜明对比**的是，还有一些爬行动物是非常小的，甚至还没有**苍蝇**大。

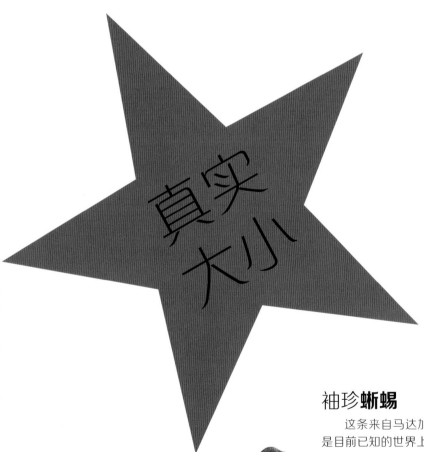

真实大小

袖珍**蜥蜴**

这条来自马达加斯加的迷你变色龙（*Brookesia micra*）是目前已知的世界上体形最小的蜥蜴 —— 它是如此之小，甚至可以站在你的指尖上。白天，迷你变色龙在森林地面上的落叶堆中觅食昆虫，到了晚上它们则会爬到树上。

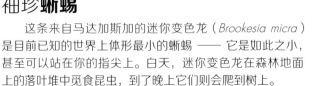

爬行动物中的老大哥

体形巨大的阿尔达布拉象龟体重可达 360 千克，是体形娇小的斑点鹰嘴陆龟体重的 2000 多倍。

又长又强壮

这条生活在亚马孙沼泽地的绿森蚺，需要 4 个强壮的成年男子才能抬起。绿森蚺是目前地球上体形最大的蛇，长度可超过 10 米。

岛上巨怪

科莫多巨蜥体长可超过 3.3 米，是世界上体形最大的蜥蜴。这种可怕的肉食动物可以杀死一头水牛，并用锋利的牙齿将猎物撕成碎片。科莫多巨蜥如今只生活在印度尼西亚爪哇岛附近的几个小岛上，主要以捕食鹿、猪和山羊为生。

晚餐吃什么？

有些爬行动物是可怕的捕食者，而有些爬行动物更喜欢吃素食。

跟随下图中彩色的线条，找一找这些爬行动物最爱的美食吧！

翡翠树蚺

这条树蚺生活在亚马孙热带
雨林中，到了晚上出来觅食。
它隐藏在浓密的树丛中，
等待伏击小型哺乳动物。

青草和水果

螳螂

蓝舌石龙子

澳大利亚的蓝舌石龙子长着奇怪的蓝色
舌头，用来像勺子一样"舀"猎物——
听起来可让人没什么食欲。

澳洲魔蜥

澳洲魔蜥生活在澳大利亚，
它们浑身覆盖着棘刺，特别
爱吃小型昆虫。

巨环海蛇

这种东南亚海蛇
有剧毒，它们在
珊瑚礁海域清澈
的海水中游来
游去，伺机
捕食猎物。

蜗牛和蛞蝓

草原犬鼠

欧洲陆龟

绝大多数动物都比这种生活在
地中海的陆龟跑得快，所以它们
以不会跑的植物为食。

褐家鼠

杰克森变色龙

杰克森变色龙生活在东非，长着可以
自由转动的圆锥形眼睛，能够准确锁定
捕食目标 —— 小型昆虫。

海鳝

食蛋蛇

与大多数蛇类不同，生活在非洲的食蛋
蛇并不是一个真正的猎手，它们主要以
鸟蛋为食，偶尔也吃雏鸟。

西部菱斑响尾蛇

和所有的响尾蛇一样，西部菱斑响尾蛇
也拥有热感受器，能够在黑暗中探测到
温血动物的踪迹。

蚂蚁

1 尼罗鳄总是从水中发动攻击。它们潜入水面下观察、等待，以免过早惊动猎物。

尼罗鳄的
伏击

　　生活在**非洲的尼罗鳄**非常聪明，它们知道每年非洲草原上的**动物**都会在特定时期**大迁徙**，横渡尼罗鳄栖身的河流。因此，**大迁徙**就是尼罗鳄的**盛宴**。当迁徙的动物紧张地踏进河水中时，埋伏在水底的鳄鱼就会缓缓游来，抓住时机进行**偷袭**！

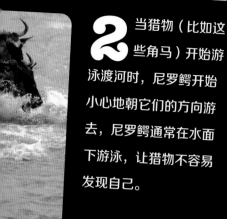

2 当猎物（比如这些角马）开始游泳渡河时，尼罗鳄开始小心地朝它们的方向游去，尼罗鳄通常在水面下游泳，让猎物不容易发现自己。

3 每条鳄鱼都会挑中一个猎物。它们通常会选择离群的动物，但是这条鳄鱼看起来饿极了，它冲向角马群，企图用它那巨大的、长满锋利牙齿的颌咬住任何一只可能的猎物。

4 尼罗鳄突然冲出水面，咬住猎物的脖子或者口鼻部。尼罗鳄会将角马拖入水中，直到猎物溺亡。然后它们就会将角马的尸体撕成碎片，大快朵颐。

水生

带蛇

生活在北美洲的带蛇，
既能在陆地上生活，又
能在水中生活。

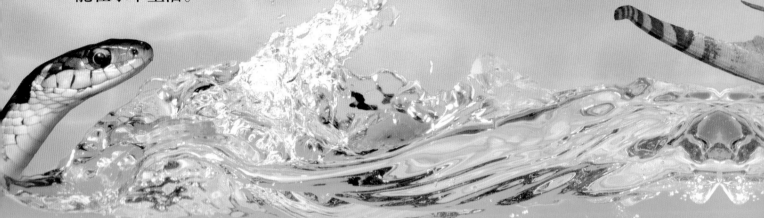

有些**爬行动物**发展出了**各种各样的特征**，用于适应水中或者近水的生活，池塘、河流、湖泊和**海洋**是它们的家园。其中像海龟这样的爬行动物，身体高度特化，非常适应海洋环境，**除了产卵**之外几乎从不到陆地上去。

爬行动物

双冠蜥
生活在中美洲的
双冠蜥能在水面上
短距离奔跑。

还有些爬行动物在水中**捕食猎物**。

蟒蛇会将毫无防备的猎物拖入

水中淹死。而在 2011 年，一条湾鳄依靠这种方式

杀死了一只**成年虎**。

湾鳄
世界上体形最大的
鳄鱼——湾鳄，常常
在开阔的海面上游泳。

绿海龟
绿海龟是大型海龟，
体长可达 1.3 米，生活在
温暖的热带水域中。

海龟的迁徙

红海龟为了寻找食物和繁殖地点，每年都会进行跨越大洋的长途迁徙。在北太平洋海域，红海龟乘着洋流从日本出发，前往美国，然后返回。红海龟在迁徙途中依靠地球磁场作为导航。

偏离航线

我往北边走得太远了，这里的海水真的好冰冷。我刚刚游过了一座冰山。我得再往南游一些，那里有能把我送往目的地的洋流。

阿留申群岛

_____
_____

亚洲

日本

努力再努力

我正躺在日本屋久岛的沙滩上，不过我可不是为了晒日光浴。昨天晚上，我一整晚都在挖洞，然后在洞中产卵，并用沙子将卵盖好，这可不轻松！时间到了，我该回到大海的怀抱中去了……

_____
_____

埋藏在沙堆下

虽然海龟是海洋生物，但它们必须到陆地上产卵。海龟来到一处安全的海滩，将卵埋在温暖的沙层下。当小海龟破壳而出之后，它们就会冲破沙层，向海洋的方向爬去。

岛屿天堂

热带洋流带着我一路向西，经过了许多火山喷发形成的岛屿。这里的海浪可真够大的！这些奇怪的两脚生物是什么？距离我的目的地日本，还有一段路程呢……

追踪海龟

科学家给海龟做标记，然后通过卫星追踪它们。1996年，一只名叫阿德丽塔的海龟被科学家做了标记，然后在墨西哥放归大海。通过卫星追踪，科学家惊讶地发现，这只海龟横穿太平洋抵达日本，路程长达1.2万千米。

太平洋海岸

这里阳光明媚，风景如画，还有充足的食物——我最爱吃的贝类。洋流带着我向南进发，一路上的海水越来越温暖。

加利福尼亚

太平洋

北美洲

墨西哥

丰富的选择

墨西哥附近的海域中有取之不尽的食物，许许多多其他的海洋动物也汇聚于此。这些喜欢跳跃的海豚真是太烦人了！不过，我很快就会离开这里，向夏威夷出发。

夏威夷

攀爬专家

壁虎是一类小型蜥蜴，它们通常生活在树上，也常常进入人类的房屋。它们能够在光滑的墙壁和玻璃窗上健步如飞，甚至能倒挂在天花板上。这些攀爬专家的秘密就在于它有特殊的趾垫，趾垫能像磁铁一样紧紧地吸附在平面上。

壁虎带来的灵感

来自美国加利福尼亚州斯坦福大学的科学家已经制造出了可以在玻璃上攀爬的机器人——壁虎机器人，它的外形和动作活像一只壁虎。

壁虎机器人在玻璃上攀爬的原理也与真正的壁虎一样，它也有着特殊的趾垫，能吸附在玻璃上。

壁虎机器人

即使只有一点点灰尘，也会破坏脚趾与平面之间的结合，因此壁虎的脚趾有着特殊的自我清洁功能。

大壁虎（蛤蚧）

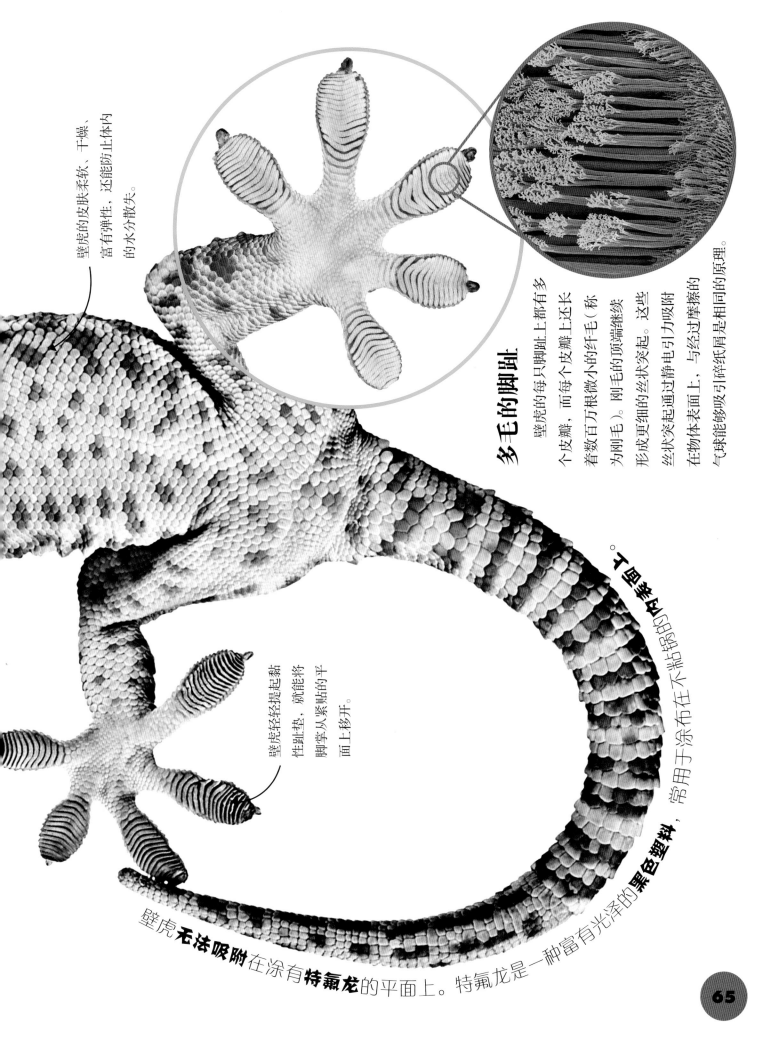

壁虎的皮肤柔软、干燥、富有弹性，还能防止体内的水分散失。

多毛的脚趾

壁虎的每只脚趾上都有多个皮瓣，而每个皮瓣上还长着数百万根微小的纤维（称为刚毛）。刚毛的顶端继续形成更细的丝状突起。这些丝状突起通过静电引力吸附在物体表面上，与经过摩擦的气球能够吸引碎纸屑是相同的原理。

壁虎轻轻提起黏性脚趾垫，就能将脚掌从紧贴的平面上移开。

壁虎**无法吸附**在涂有**特氟龙**的平面上。特氟龙是一种富有光泽的**黑色塑料**，常用于涂布在不粘锅的内表面上。

电影明星

因为绿鬣蜥古怪的长相，早期的电影制作常常用它们来"扮演"怪兽。在老电影中，太空旅行者登陆陌生的星球时，常常会遇见绿鬣蜥"扮演"的外星生物。绿鬣蜥还经常"扮演"另一个角色——恐龙，尽管它们一点儿也不像。

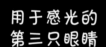

用于感光的第三只眼睛

奇异的绿鬣蜥

有些蜥蜴看起来有点奇怪，但怪异程度很难与绿鬣蜥相媲美。绿鬣蜥有着令人眼花缭乱的各种颜色，背上长着长长的棘刺和奇怪的鳞片——尤其是雄性绿鬣蜥，再加上脖子下面还挂着一个大大的袋状物，绿鬣蜥看起来实在是太奇特了，简直像是外星来客。

第三只眼

绿鬣蜥的听觉和视觉都非常敏锐，而且还有很好的色彩分辨力。它们能看见我们人类看不见的颜色，包括紫外线。绿鬣蜥的头顶上有"第三只眼"，当它们睡觉时可用于感受光线变化。

热带旅行

绿鬣蜥生活在美洲的热带雨林中，从墨西哥到巴拉圭都有它们的身影。绿鬣蜥是伟大的旅行家，它们搭乘人类的船只，甚至是漂浮的树干，到达了美国的部分地区以及加勒比海附近的岛屿。

冰冻的绿鬣蜥

绿鬣蜥生活在热带地区，几乎不用担心寒冷的天气。不过在2008年1月，美国佛罗里达州突如其来的霜夜让当地所有的绿鬣蜥陷入了休眠状态。这些身体僵硬的绿鬣蜥纷纷从树上掉了下来，幸运的是它们几乎都没有受伤。当霜夜结束，天气恢复温暖之后，休眠的绿鬣蜥又苏醒过来，爬回栖息的树木上。

饥肠辘辘的素食者

与大多数蜥蜴不同，绿鬣蜥是植食动物。它们取食树叶、花朵和水果。绿鬣蜥的肠道内含有特殊的微生物，能帮助它们消化这些植物性食物，不过它们必须大量进食，才能摄入足够的营养。因此，绿鬣蜥也会同时摄入大量的盐分，它们通过打喷嚏从鼻子排出这些过量的盐分。

活化石

生活在新西兰的楔齿蜥看起来很像蜥蜴，然而，它们实际上属于另一个完全不同的类群，这个类群只包括两个物种。这个类群中的其他物种在很早之前就已经全部消失了，甚至早在恐龙灭绝之前。所以，幸存下来的楔齿蜥又被称为"活化石"。

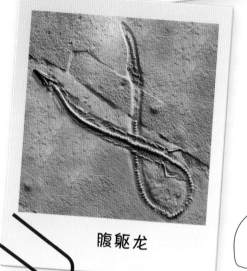

拟始蜥

腹躯龙

作息时间表

楔齿蜥白天藏身于洞穴中，只在晚上才出来活动。

07:00	睡觉
10:00	睡觉
18:00	还在睡觉
23:00	觅食

这是我。

这是我的两个远古亲戚。

亲戚

我们没有亲戚！至少现在没有了。不过在 1.5 亿年前，我们这个大家族还有很多兄弟姐妹。已发掘的拟始蜥和体形十分纤细的腹躯龙的化石表明，它们与我们楔齿蜥非常相似。

长寿

　　楔齿蜥的寿命相当长。被人类捕获的雄性楔齿蜥亨利在 2016 年就已经 118 岁了，但就在它 111 岁时还幸福地当上了爸爸。

这就是我的朋友亨利，他已经 118 岁了！

亨利的孩子们。

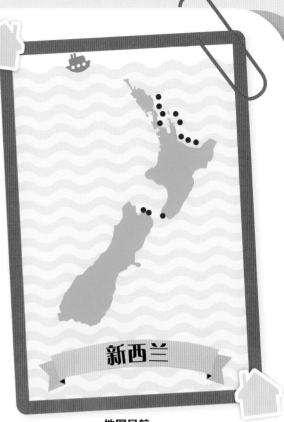

地图导航
● 这里可以找到楔齿蜥

新西兰

我生活在哪里

　　很久以前，我们楔齿蜥遍布整个新西兰。但是人类带来了其他动物，比如老鼠，老鼠会吃掉我们的卵。因此，现在只有一些没有老鼠分布的小岛上才有我们的踪影。

名望与财富

　　毫无疑问，稀有的楔齿蜥是新西兰的骄傲。当地的毛利人将楔齿蜥视作图腾。新西兰有一版五分硬币上还印有楔齿蜥的形象，真是个帅小伙！

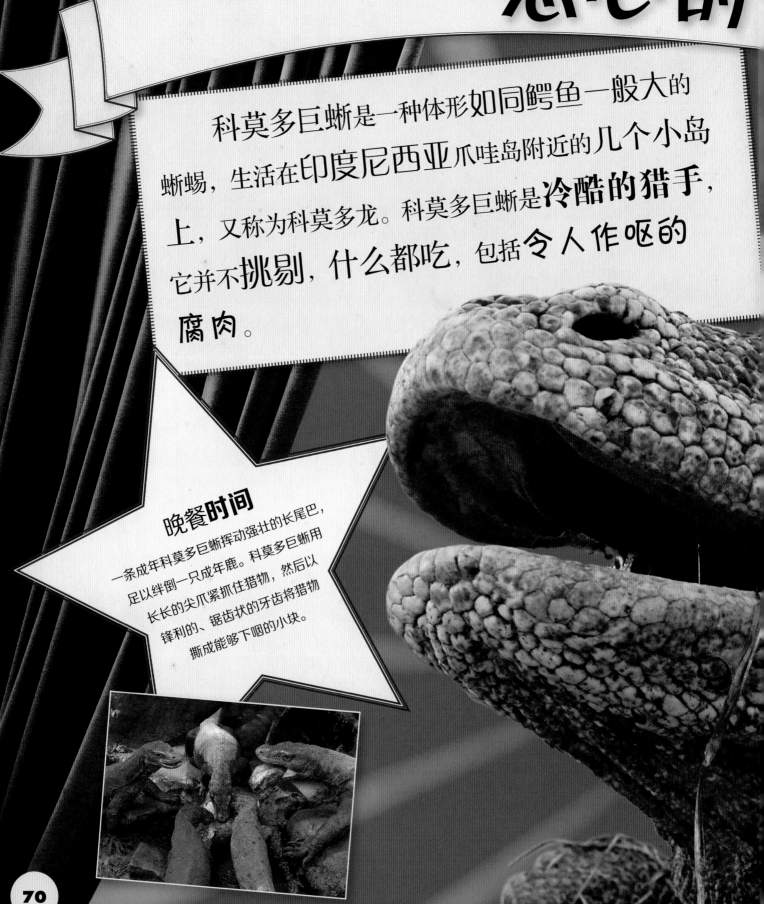

恶心的

科莫多巨蜥是一种体形如同鳄鱼一般大的蜥蜴，生活在印度尼西亚爪哇岛附近的几个小岛上，又称为科莫多龙。科莫多巨蜥是**冷酷的猎手**，它并不挑剔，**什么都吃**，包括**令人作呕的腐肉**。

晚餐时间

一条成年科莫多巨蜥挥动强壮的长尾巴，足以绊倒一只成年鹿。科莫多巨蜥用长长的尖爪紧抓住猎物，然后以锋利的、锯齿状的牙齿将猎物撕成能够下咽的小块。

"龙"

同类相食

体形较大的科莫多巨蜥有可能会吃掉体形较小的同类。所以小科莫多巨蜥总是尽量避开成年科莫多巨蜥。年幼的科莫多巨蜥从孵化出壳后的八个月内一般会在树上生活，以求得更大的生存机会。

分叉的舌头

科莫多巨蜥很喜欢吃腐烂的动物尸体，与其他巨蜥及蛇一样，科莫多巨蜥也有着长长的、分叉的舌头，用于探测空气中的气味粒子。它们能闻到10千米之外腐肉的气味。

小心你的孩子！

对科莫多巨蜥来说，人类儿童只不过是一道"开胃点心"。因此，当地人精心看护自己的孩子，以免遭到科莫多巨蜥的袭击。

在空中滑翔时，**飞蹼守宫**会张开蹼足及身体两侧的皮肤皱褶。

皮质翅膀

当飞蹼守宫从树枝上跃下时，它身体边缘的皮肤褶皱伸展开来，就像翅膀一样，帮助它在空中滑翔一小段距离，到达另一棵树。

生活在东南亚热带雨林中的金花蛇能从一棵树滑翔到另一棵树上。这样的"飞行"方式能节省爬树的时间。很多爬行动物都有独特的滑翔技能。

滑翔高手

准备起飞

金花蛇首先爬到树枝高处，将尾巴缠绕在树枝上固定，身体的前半部分抬起，准备"发射"。在弹出的一瞬间，金花蛇的身体呈 S 形，并压缩得十分扁平，这样能够扩大空气作用面积。金花蛇一次的滑翔距离可以超过 100 米。

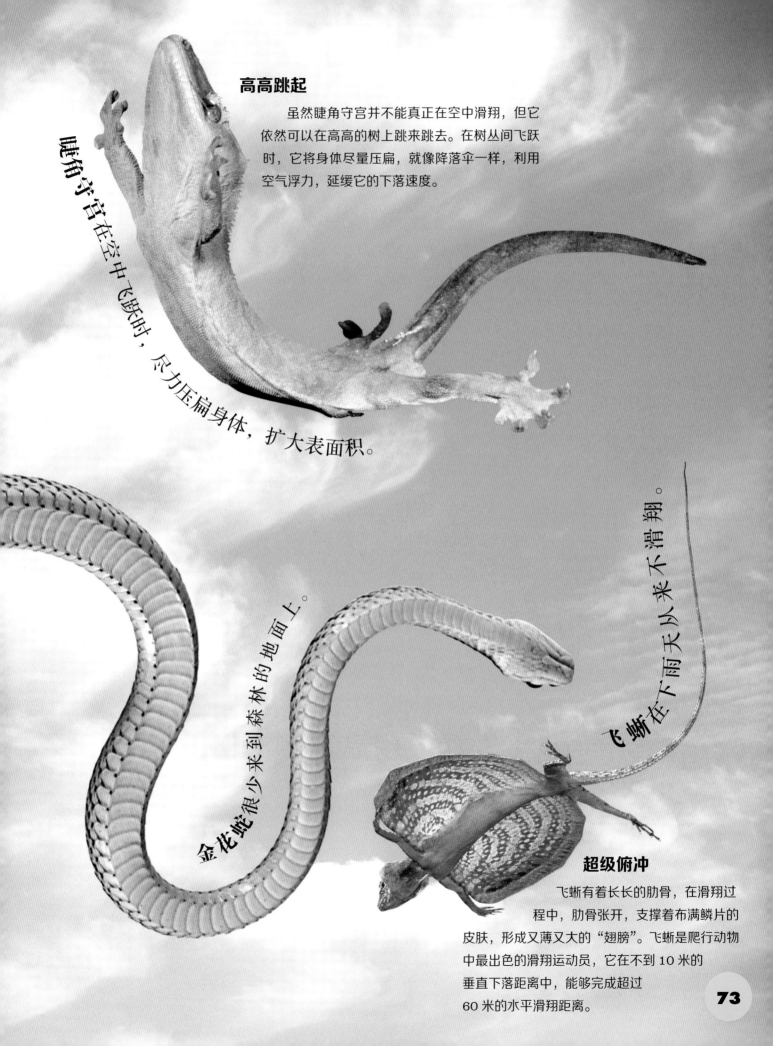

高高跳起

虽然睫角守宫并不能真正在空中滑翔，但它依然可以在高高的树上跳来跳去。在树丛间飞跃时，它将身体尽量压扁，就像降落伞一样，利用空气浮力，延缓它的下落速度。

睫角守宫在空中飞跃时，尽力压扁身体，扩大表面积。

金花蛇很少来到森林的地面上。

飞蜥在下雨天从来不滑翔。

超级俯冲

飞蜥有着长长的肋骨，在滑翔过程中，肋骨张开，支撑着布满鳞片的皮肤，形成又薄又大的"翅膀"。飞蜥是爬行动物中最出色的滑翔运动员，它在不到 10 米的垂直下落距离中，能够完成超过 60 米的水平滑翔距离。

沙漠居民

沙漠中的生活是非常艰难的，这里天气极度炎热，几乎没有水，食物也很少。然而这样的生存环境却正好适合爬行动物。白天，爬行动物钻进洞穴躲避酷暑，它们体表的防水鳞片能阻止体内的水分散失。它们只需要很少的食物就能存活。

这种变色龙的体色可以变浅，用于反射阳光，避免吸收过多热量。

会跳舞的蜥蜴

烈日下的沙子温度非常高，爬行动物在上面行走时，脚甚至会被烫伤。这条非洲铲吻蜥蜴交替抬起自己的四只脚，保证只有两只脚同时落地，仿佛在跳一种滑稽的舞蹈。其实，它只是为了避免滚烫的沙子烫脚而已。

踩高跷

大多数变色龙都生活在树上，但是生活在非洲纳米布沙漠中的纳米比亚变色龙在地面上捕食昆虫。它的四肢修长，走起路来宛如踩着高跷，这样可以将身体尽量抬高，远离炎热的沙子。

横行的蛇

对于侏膨蝰来说，要想穿过纳米布沙漠中干燥、柔软的沙地，横着移动是一种完美的方式。当侏膨蝰横着穿越沙地时，细沙上留下了它特殊的踪迹。侏膨蝰体形很小，因此只需要很少的食物就能生存。

在沙堆中"游泳"

生活在北非沙漠中的砂鱼蜥几乎没有腿，它在干燥的沙层中钻洞，甚至像鱼一样在柔软的沙堆中"游泳"。砂鱼蜥实际上是一种石龙子，以生活在沙层中的昆虫为食。

希拉毒蜥身上有鲜明的花纹，警告敌人不要靠近它。

沙漠中的龟

与许多生活在沙漠中的爬行动物一样，这只来自美国西南部莫哈维沙漠的陆龟也通过躲藏在地下洞穴中来躲避骄阳的炙烤。它一天有95%以上的时间都在地下待着，剩下的时间才来到外界觅食——它以草和其他植物为食。

行动迟缓的怪物

这条懒洋洋的希拉毒蜥是著名的致命生物——它有剧毒，不过它行动缓慢，很少构成真正的威胁。希拉毒蜥生活在美国西南部地区和墨西哥的沙漠中，以蛋类和小型动物为食。

长寿的龟

你是不是觉得龟类看起来都是一副慢吞吞、上了年纪的样子？没错，龟类确实是一种非常古老的生物，早在最早期的恐龙出现之前它们就已经在地球上生存了，而且龟类的寿命也长得令人不可思议。有些龟类可以活到 200 多岁 —— 过生日时可是需要不少生日蜡烛呀！

哈丽特

哈丽特是一只加拉帕戈斯象龟，于 1835 年被科学家查尔斯·达尔文从野外捕获。它在 1841 年被送往澳大利亚，并一直住在各大动物园中，直到 2006 去世，享年 175 岁。哈丽特最喜欢的食物是芙蓉花。

175 岁生日

迭戈

迭戈是一只雄性加拉帕戈斯象龟，它多年来一直居住在美国圣迭戈动物园。不过，在 1977 年，科学家将它送回了老家 —— 加拉帕戈斯群岛中的一个小岛，岛上有 14 只象龟。尽管迭戈已经至少 100 岁了，但它依然成了许多小象龟的父亲，成功挽救了这个濒临灭绝的种族。

图伊·马里拉

1953 年，英国女王伊丽莎白二世看望了一只十分长寿的乌龟，它生活在太平洋岛国汤加王国，名叫图伊·马里拉。它于 1777 年由詹姆斯·库克船长赠送给汤加王国的国王。马里拉在 1965 年去世，享年 188 岁。

孤独的乔治

在加拉帕戈斯群岛曾经有 15 种不同的象龟，但是其中一些已经灭绝了。孤独的乔治是最后一只幸存的平塔岛象龟，但它于 2012 年去世，享年大约 100 岁。

阿德维塔

阿德维塔是一只阿尔达布拉象龟，于 2006 年去世，但没有人知道它究竟活了多久。传说它是作为礼物于 1765 年被献给克莱夫勋爵的。如此推算，它至少有 250 岁了！

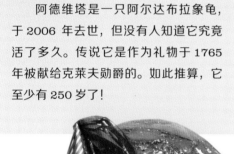

乔纳森

来自印度洋塞舌尔群岛的阿尔达布拉象龟乔纳森在 2023 年已经 191 岁了，它很可能是目前地球上活得最长的动物。目前乔纳森居住在大西洋的圣赫勒拿岛。

77

术语表

哺乳动物：一类温血动物，长有毛发，直接产下幼崽，用乳汁喂养幼崽。

捕食者：捕猎其他动物为食的动物。

冬眠：动物陷入沉沉的睡眠状态，以度过缺少食物的时期。

毒液：有些动物产生的有毒液体，通过噬咬或者蜇刺注入其他动物体内，用于捕食或者防御敌害。

毒液管：管毒牙内部中空的管道，用于将毒液注入猎物体内。

鳄鱼：爬行动物中的一大类群，包括短吻鳄、长吻鳄等。

孵化：卵生动物发育完全之后，从卵中破壳而出。

感受器：用于探测周围环境的器官。

管牙：一种特化的牙齿，用于刺入猎物体内，将毒液注射进猎物的伤口。

红外线：一切温暖物体都会发出的射线，但我们人类的眼睛看不见。

化石：生物体的残骸在特定条件下没有腐烂，而是经过漫长的时间转变成的石质物质。

脊椎骨：数块小型骨头，连接起来构成动物的脊椎。

颊窝：蝮蛇等毒蛇在眼睛与鼻部之间的孔洞，是热能感受器，用于追踪温血猎物。

进化：生物经过漫长的时间，逐步适应环境而产生改变。

静电力：一种分子间作用力，让物质之间结合或者分离。

抗蛇毒血清：用于治疗毒蛇咬伤的一种生物制剂。

抗体：血液中的一种物质，用于抵抗病原体和毒素等。

冷血动物：不能调节自己的体温，只能依赖外界环境变化（比如阳光）而改变体温的动物。

猎物：被其他动物捕食的动物。

免疫：防止机体免受毒素、微生物等伤害。

灭绝：物种完全消失。

气管：将空气输入肺部的管道。

迁徙：动物定期从一个地方去往另一个地方，通常是由于季节性气候和食物来源的改变引起的。

溶血毒性：某种毒性物质能够破坏血细胞的特性。

软骨：一种坚韧、富有弹性的骨组织，是动物骨骼系统中的一部分。

色素细胞：含有色素的细胞，可以通过扩张和收缩调节动物的体色。

神经毒性：某种毒性物质能够破坏神经系统的特性。

食道：连接口腔和胃的管道。

瘫痪：由于肌肉不能收缩，而导致机体失去运动能力。

瞳孔：眼睛上允许光线进入的开孔。

唾液：口腔中分泌的液体，用于润滑食物。

温血动物：可以自我保持体温的动物。

物种：同一种生物的总称，个体之间可以交配并产下具有繁殖能力的后代。

细菌：一类遍布地球各处的微生物，甚至在人体中也能找到。有些细菌能导致疾病，但还有一些细菌是无害的，甚至有益于人类的身体健康。

腺体：生物体内的器官，可以分泌特定的分泌物。

消化：将食物分解成可供身体吸收和利用的营养成分。

消化液：由胃、肠道和其他消化器官分泌的液体，能够帮助消化。

营养物质：机体从食物中获取的物质，用于构建组织和提供能量。

植食动物：只吃植物的动物。

紫外线：一种深紫色的光线，我们人类无法用肉眼看见，不过有些动物可以。

致 谢

Dorling Kindersley would like to thank the following people for their assistance in the preparation of this book: Daniel Mills for editorial assistance; Taiyaba Khatoon, Sakshi Saluja, and Susie Peachey for picture research; Andrew Kerr, Katie Knutton, and Steve Willis for illustrations; Scarlett O'Hara for proofreading; Chris Bernstein for compiling the index.

Picture credits

The publisher would like to thank the following for their kind permission to reproduce their photographs:

(Key: a-above; b-below/bottom; c-centre; f-far; l-left; r-right; t-top)

4 Getty Images: Vetta / Mark Kostich. **6 Dorling Kindersley:** David Peart (cl); Jerry Young (bc). **7 Dorling Kindersley:** Jerry Young (c). **Getty Images:** Flickr Open / Peter Schoen (tr). **10 Ray Carson - UF Photography:** (tc). **11 Charlie Brinson:** Ben Cooper / Titanoboa was built by Charlie Brinson, Jonathan Faille, Hugh Patterson, Michelle La Haye, Markus Hager, James Simard, and Julian Fong (br) / http://titanoboa.ca/. **12 123RF.com:** Teerayut Yukuntapornpong / joesayhello (br). **Ardea:** Larry Miller / Science Source (clb). **Dreamstime.com:** Ekays (l). **12-13 123RF.com:** lightwise (border). **Dreamstime.com:** Chernetskaya (b); Dewins (Swiss cheese plant). **13 Avalon:** imago stock&people (br). **14 Getty Images:** age fotostock / Morales (br). **15 Corbis:** David Hosking / Frank Lane Picture Agency (tc). **16 Corbis:** Jim Brandenburg / Minden Pictures (br); Jason Isley - Scubazoo / Science Faction (cb). **Getty Images:** Flickr / Abner Merchan (cla); Photodisc / Siede Preis (tl, clb, bl); Flickr Open / Thor Hakonsen (crb). **17 Getty Images:** Flickr / Abner Merchan (tc, fbr); Photodisc / Siede Preis (tl, bl); Stockbyte / Tom Brakefield (cl); Flickr / Ken Fisher Photography and Training (br). **18-19 Ardea:** Francois Gohier. **20 Getty Images:** Peter Arnold / Jeroen Stel (tr); Oxford Scientific / Jonathan Gale (cl). **naturepl.com:** Laurie Campbell (cr); Andy Sands (bl). **21 Corbis:** George McCarthy (tr); Roger Tidman (br). **naturepl.com:** Andy Sands (l). **22 Corbis:** Michael & Patricia Fogden (clb). **22-23 Getty Images:** National Geographic / Joel Sartore. **23 Corbis:** Imagemore Co., Ltd. (tl); Leo Keeler / AStock (cra). **Getty Images:** age fotostock / John Cancalosi; Peter Arnold / John Cancalosi (c). **Science Photo Library:** John Serrao (crb). **27 Dorling Kindersley:** Natural History Museum, London (br). **28-29 Getty Images:** Digital Vision / Gerry Ellis. **29 Science Photo Library:** Edward Kinsman (cr). **30-31 Getty Images:** Kendall McMinimy (t). **30**

Ardea: Chris Harvey (tl). **Dorling Kindersley:** BBC Visual Effects - modelmaker (cl). **naturepl. com:** Pete Oxford (br). **31 Ardea:** John Cancalosi (crb). **Getty Images:** Panache Productions (br). **naturepl.com:** Michael D. Kern (cra). **32-33 Dreamstime.com:** Renzzo (background). **32 Dorling Kindersley:** The Science Museum, London (ca). **34-35 Getty Images:** Digital Vision. **36 Getty Images:** Michael & Patricia Fogden (bl); Ocean (cra). **37 naturepl.com:** Tony Phelps (cr); Robert Valentic (br). **39 Alamy Images:** Hornbil Images / Peacock (bc). **40-41 Getty Images:** Oxford Scientific / Werner Bollmann. **40 Corbis:** Joe McDonald (bl). **42 Alamy Stock Photo:** blickwinkel / McPHOTO / LOV (ca). **Corbis:** Stephen Dalton / Minden Pictures (cr). **43 Alamy Images:** Jose Garcia (br). **44-45 Corbis:** Ocean. **46 Corbis:** Ocean (c). **Getty Images:** Minden Pictures / Michael & Patricia Fogden (clb); Visuals Unlimited / Ken Lucas (crb); Stone / Eric Tucker (bl, bc, br). **46-47 Getty Images:** Stone / Eric Tucker (background). **47 Corbis:** Ocean (tc/paper, cl). **Getty Images:** Minden Pictures / Michael & Patricia Fogden (cb); National Geographic / Joel Sartore (crb); National Geographic / Darlyne A. Murawski (tc); Stone / Eric Tucker (bl, bc, br). **48 Corbis:** Michael & Patricia Fogden (br). **Getty Images:** The Image Bank / Art Wolfe (bl). **48-49 Corbis:** Michael & Patricia Fogden. **49 Corbis:** Michael & Patricia Fogden (cla); Visuals Unlimited (crb); Thomas Marent / Minden Pictures (br). **Dorling Kindersley:** Thomas Marent (tr). **Getty Images:** Gallo Images / Danita Delimont (clb). **50 Corbis:** GTW / imagebroker (t); Wolfgang Kaehler (b). **51 Getty Images:** Robert Harding World Imagery / Ann & Steve Toon (t); Robert Harding World Imagery / Thorsten Milse (b). **52 Corbis:** Rod Patterson / Gallo Images (cl). **Getty Images:** Peter Arnold / James Gerholdt (cr). **53 naturepl.com:** Gabriel Rojo (cr). **54-55 Corbis:** Phil Noble / Reuters. **54 Corbis:** Splash News (bc). **55 Getty Images:** Photographer's Choice / Gallo Images-Anthony Bannister (tl); Rewa Expedition / Barcroft Media (tr). **56 Corbis:** Theo Allofs (clb); Joe McDonald (cla); Greg Harold / Auscape / Minden Pictures (cr); Visuals Unlimited (br). **57 Corbis:** DLILLC (cra); Konrad Wothe / Minden Pictures (tl); Rolf Nussbaumer / imagebroker (clb). **Getty Images:** The Image Bank / Per-Eric Berglund (cla/r, cla/l). **58 Corbis:** Suzi Eszterhas / Minden Pictures (tr); Sergio Pitamitz / Robert Harding World Imagery (tl). **58-59 Corbis:** Anup Shah. **59 Corbis:** Nigel Pavitt / JAI (tc). **60 Corbis:** Joe McDonald (fcla). **60-61 Corbis:** Reinhard Dirscherl / Visuals Unlimited (b). **Getty Images:** Bob Elsdale. **61 Corbis:** Joe McDonald (cla). **FLPA:** Mike Parry / Minden Pictures (cr). **62 Alamy Images:** Mark Conlin (bc). **Getty Images:** Education Images / UIG (c). **62-63 Corbis:** Stefan Arendt / imagebroker (t). **63**

Corbis: Thomas Mangelsen / Minden Pictures (br). **Getty Images:** Flickr Open / Ashley St. John (tl). **64 Biomimetics and Dexterous Manipulation Lab Center for Design Research, Stanford (BDML):** (tr). **64-65 Getty Images:** Peter Arnold / Martin Harvey. **65 Corbis:** Dennis Kunkel Microscopy, Inc. / Visuals Unlimited (tr). **Getty Images:** Visuals Unlimited, Inc. / Joe McDonald (tc). **66 Alamy Images:** Life on white (tr). **Science Photo Library:** Carolyn A. McKeone (clb). **67 Alamy Images:** The Natural History Museum, London / Frank Greenaway (crb). **68-69 Alamy Images:** Andrew Walmsley. **68 Alamy Images:** Blickwinkel / Koenig (tl). **Corbis:** Klaus Honal / Naturfoto Honal (cl). **69 fotoLibra:** Lynne Cleaver (br). **Getty Images:** Peter Arnold / C. Allan Morgan (cl). **70-71 FLPA:** Stephen Belcher / Minden Pictures. **70 Corbis:** Cyril Ruoso / JH Editorial / Minden Pictures (bl). **71 Corbis:** Stephen Belcher / Foto Natura / Minden Pictures (cr); Cyril Ruoso / JH Editorial / Minden Pictures (cla). **73 Corbis:** Stephen Dalton / Minden Pictures (br); David A. Northcott (t). **74-75 Dorling Kindersley:** Jerry Young. **74 Getty Images:** Gallo Images / Martin Harvey (bl); Robert Harding World Imagery / Thorsten Milse (cl); Minden Pictures / Michael & Patricia Fogden (cra, cr). **75 Alamy Stock Photo:** William Mullins (cra); **naturepl.com:** David Shale (c). **76 Corbis:** Ocean / 167 (bl). **Getty Images:** Photodisc / Kevin Schafer (cr). **77 Alamy Images:** MaRoDee Photography (tl/frame). **Corbis:** Kent Kobersteen / National Geographic Society (br); Bob Strong / Reuters (c); Jayanta Shaw / Reuters (cl). **Getty Images:** Fox Photos / Hulton Archive / Hulton Royals Collection (tl).

All other images © Dorling Kindersley
For further information see:
www.dkimages.com